# 蒸汽火車

世界第一列蒸汽火車是由英國的理查·特里維西克製造，並於1804年2月進行測試。

由一台重4.5噸的蒸汽火車頭牽引着五節車廂，車廂內載着70名乘客和10噸鐵，沿着9公里長的礦車用鑄鐵軌道行駛，最終用了4小時5分鐘抵達目的地。

至於第一列商用蒸汽火車則由喬治·史蒂文生製造。

Photo credit: Head of Steam - Darlington Railway Museum

機車一號是世界上第一列在公共鐵路上行駛的蒸汽火車。

1825年9月，史蒂文生親自駕駛機車一號，以每小時15公里時速將450名乘客運送到25公里外的目的地。

福爾摩斯經常乘火車來往各地查案，在《㉚無聲的呼喚》中，他就與華生和沃德乘火車往案發現場，追捕犯人布烈治。

火箭號

## 歷史上首宗鐵路事故

1830年，在利物浦·曼徹斯特鐵路通車儀式上，一列名為火箭號的火車撞到了站在路軌上的利物浦議員威廉·赫斯基森。他隨即被送往附近小鎮搶救，最終不治。

Photo credit: The Board of Trustees of the Science Museum

# 英國歷史上重要的蒸汽船

## 大東方號

Photo credit: Library of Congress, Washington, D.C.

船身長達211米，配備了四個蒸汽引擎，需要二百多名燒煤工人輪班工作以提供動力。

## 大不列顛號

Photo by mattbuck

不僅是當時世界上最大的鋼製船，也是第一艘穿越大西洋的螺旋槳推進式蒸汽船。

1843

1858

1860

《大偵探福爾摩斯》系列也多次出現蒸汽船，如《㊴綁匪的靶標》中的貨輪馬齊號。

## 皇家勇士號

Photo credit: Visit Hampshire

世界第一艘蒸汽鐵製巡防艦，採用當時非常流行的風帆和蒸汽混合動力。

 # 汽車

雖然達文西有製作汽車的構想，但要到1830年英國才開始大量生產蒸汽車。

世界第一輛蒸汽車是由法國軍事工程師尼古拉·約瑟夫·居紐製造，最初是用來運載大砲。它的最高時速不足4公里，而且每15分鐘就要加一次水。

車上有個大鍋爐和兩個氣缸，當鍋爐內的蒸氣進入氣缸，帶動活塞轉動前輪，就能推動汽車前進。

Photo credit: Patricia Haim

**小知識 歷史上第一宗車禍**

**1770**

**1825**

**1859**

Photo credit:
The Board of Trustees of the Science Museum

由英國的斯瓦底·嘉內爵士製造，是世界第一輛蒸汽公共汽車，最多可載十八人，主要往來告羅士打和卓特咸兩地。僅營運四個月，就已經運載了3000多名乘客。

法國物理學家普蘭特發明了鉛酸蓄電池，終讓汽車發展有所突破。

# 單車

**1790**　單車起源最早可以追溯到1790年的「木馬輪」，騎車時要用雙腳蹬地前行。

**1817**　德國的卡爾·德萊斯在木馬輪的前輪上安裝了一個控制方向的把手，不過騎車時仍然要用雙腳蹬地前行。

**1861**　蘇格蘭鐵匠麥克米倫早已發明了踏板，但直至巴黎鐵匠米修父子將踏板安裝在前輪上，才製造出一輛用雙腳交替踩動而行的兩輪單車。

**1885**　第一輛安全單車是由英國機械工程師約翰·斯塔利製造，它利用鏈條和齒輪驅動後輪，令騎車者更易保持平衡。他的設計與現代單車差不多。

4

有罪案發生！我們快點乘馬車去案發現場！

乘馬車太慢了，我們一起乘蒸汽車去吧！

由於這輛車的車身笨重，加上操作困難，最終在試車時發生意外，撞向了兵工廠的一堵牆。幸好沒有造成傷亡，不過車子損毀嚴重，需要報廢。

在製作蒸汽火車前，理查·特里維西克已成功製造第一輛載人蒸汽車——倫敦蒸汽馬車。由於要在車尾放置高壓蒸汽機，所以它的車身較高，而且還需要兩名司機，一人駕駛，另一人燒煤。

Photo credit: flickr@f1jherbert

**1803**

**1886**

Photo credit: mercedes-benz

至於世界公認的第一輛靠內燃機發動的現代汽車——賓士一號，是由德國工程師卡爾·賓士製造，當時被稱為「不用馬拉的車」。

你知道歷史上第一個駕駛汽車的人是誰嗎？她就是賓士的太太——貝爾塔。

## 地下鐵路

1863年1月10日，世界第一條地鐵線——倫敦大都會線正式通車。全長5.6公里和只有6個站，在通車的第一天，就有四萬人試乘地鐵。

最初的地鐵是以蒸汽引擎驅動，行駛時會冒出大量帶有硫磺味的煙，所以站內的空氣非常差，候車乘客經常感到不適。

我想去福爾摩斯博物館，要在哪個站下車呢？

乘地鐵在貝格街站下車，步行約5分鐘就到。

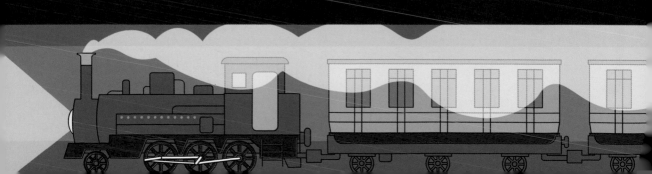

# 紀錄的發明

案件順利解決，我們拍照留念吧。

## 照片

Photo by Joseph Nicéphore Nièpce

鴿子籠　　屋子

倉庫屋頂

窗　　　　　　　　窗

Photo credit: Helmut and Alison Gernsheim

世界上第一張照片是由法國的約瑟夫·尼塞福爾·涅普斯於1826年所攝。當時他用了將近8小時曝光，才拍下這張名為《在萊斯格拉的窗外景色》的照片。

這張照片是涅普斯在家中閣樓拍攝，左邊是鴿子籠，中間是倉庫屋頂，右邊是屋的一角。由於長時間曝光，照片上的影像模糊不清。

這張照片黑漆漆的，甚麼也看不到啊！

右圖的複製品用了水彩暈色，力求真實地還原照片。再看一次吧，這次能看得清楚了。

你知道最初的照片是怎樣拍攝的嗎？

當然是用相機來拍攝的。

**暗箱（Camera Obscura）**，又稱暗盒，是相機的前身。與現代相機比較，它的結構非常簡單，只有感光材料、光圈和鏡頭。

Photo credit: The Board of Trustees of the Science Museum

### 日光蝕刻法（1826年）

在一個密不透風的箱子裏，鑿一個小孔讓光線進入。當物體反射的光線經過小孔，聚焦在箱內的金屬板上，就會呈現出與實物上下顛倒、左右相反的影像。

### 銀版攝影法（1835年）

銀版

用水銀將影像顯影出來，再用鹽水定影，曝光時間大幅縮短至30分鐘。

### 卡羅式攝影法（1841年）

可以透過底片大量複製照片，而且曝光時間縮短至一至兩分鐘。

# 動畫

1872年，美國富商利蘭·史丹福與友人打賭，認為馬匹跑動時有一瞬是四腳離地。由於單憑肉眼確實難以看得清楚，於是他委託英國攝影師埃德沃德·邁布里奇用攝影技術來證明他是對的。

那時候的相機還未有連拍功能，邁布里奇於是想到在跑道的一邊並排放置12部相機，每部相機的快門繫着一條金屬線。當馬跑過時就會將線扯斷，從而觸發快門拍下照片，這樣就能捕捉到馬跑步的細節。

後來，邁布里奇發現將多張連續動作的照片放在一起，就能製成影片。這種以靜態影像捕捉動態畫面的拍攝方法稱之為「連續定格攝影」。

邁布里奇證明了馬匹跑動時四腳確實會同時離地，所以史丹福贏得了賭注。

想不到一場賭局竟然促成了動畫的發明哦。

# 留聲機

留聲機是一台既可錄音又可播放聲音的裝置。

愛迪生在改良電話的過程中，發現可以利用錫箔包覆的滾筒來記錄聲音，經過反復試驗，終於在1877年12月發明了圓筒型留聲機，並成功錄製和播放聲音。

《瑪莉有隻小綿羊》就是愛迪生為了測試而唱的歌，而這段只有八秒的錄音也成為人類歷史上首次被記錄下來的聲音。

雖然愛迪生發明了留聲機，但第一部能播放唱片的圓盤型留聲機是由德國工程師埃米爾·貝林納在1888年發明的。

瑪莉有隻小綿羊，
小綿羊，小綿羊，
瑪莉有隻小綿羊，
生得真漂亮……

你常常拿我的醫學期刊來看，應該很清楚醫學上的新發明吧！

當然了，這些發明拯救了很多人的性命啊！

# 醫學的發明

 疫苗

　　數千年來，人們一直與疾病搏鬥，後來發現有些疾病感染一次後，就不會再染上或症狀較輕微，於是發明了疫苗。

　　疫苗是把病毒殺死或弱化，再把「徒有外表」的病毒打進人體內，讓免疫系統辨認到「這是敵人」！當遇上真正的病毒時就能第一時間反應過來了。

　　在1796年，英國醫生愛德華·詹納把牛痘接種在一名8歲男孩身上，牛痘是天花的近親，但症狀輕微，能讓男孩對死亡率高的天花產生免疫力。這被後世視之為首個疫苗接種的成功例子！

一定要打針嗎？我害怕打針啊。

美國醫學家阿爾伯特·沙賓在1957年發明過小兒麻痺症的口服疫苗，但大部分疫苗仍是注射式的。

## 小知識 人類的救星——沃爾德瑪·哈夫金

　　在十九世紀末年，哈夫金在兩次瘟疫中分別發明了霍亂疫苗和鼠疫疫苗，並在印度展開大規模接種，使病發率大大降低，拯救了成千上萬人的生命，得到「現代外科學之父」李斯特醫生讚譽為「人類的救星」。

## 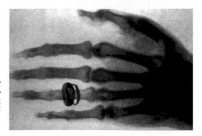 X光

在1895年，德國科學家威廉·倫琴在研究陰極射線時，意外發現一種高能量的光線，他稱這種肉眼無法看到的神秘光線為「X光」。他嘗試把手放在這光線路徑與感光紙之間，感光紙上竟出現了穿透皮膚的骨骼圖像！

→倫琴用X光拍攝到的左手圖像，骨骼和戒指因無法被X光穿透，呈現黑色。

這實驗結果震驚當時科學界，亦開始有人研究X光的實際應用。既然它能透視骨骼，不就能隔着皮膚檢查骨折狀況嗎？沒多久就有人發明了第一部醫療用的X光機。

倫琴因為發現X光，獲得首屆諾貝爾物理學獎，亦被後世譽為「診斷放射學之父」。

## 消毒

在十九世紀中期，醫生在做手術前不會洗手，導致病人常常受到感染，手術後因併發症死亡。

### 1847

匈牙利醫生伊格納茲·塞麥爾維斯首先注意到醫科生接生的孕婦和嬰兒死亡率竟然比助產婦更高！他調查後發現醫科生剛解剖完就去接生，故建議手術前要洗手，可惜失敗了。

### 1865

英國的約瑟夫·李斯特醫生發現手術過程清潔能減低病人受感染的風險，故提出要消毒手術用具及洗手、消毒傷口後綁上乾淨的繃帶等。儘管當時這提議並未受到大部分醫生重視，但李斯特醫生在自己的手術中堅持這做法，使手術成功率大增，吸引一些醫生仿傚。

有說醫生抗拒改革，是不想承認自己是導致病人死亡的原因。

基於李斯特醫生的建議，再經過多年改良，就成為現代手術前消毒的固定程序了。

# 改善生活的發明

## 電燈泡

一般認為是愛迪生發明電燈泡，其實那是前人累積了數十年經驗的成果。

早於1801年，英國化學家戴維嘗試將鉑絲通電，令它發光。到了五十年代，德國發明家亨利·戈培爾把炭化竹絲放到真空瓶中，通電發光，可說是第一個能實際應用的電燈泡，可是戈培爾並未為發明申請專利。

哈哈！有了電燈泡，福爾摩斯的燈油知識就沒有用了吧！

那時候電燈還未普及，大家還在用油燈啊。

約在1875年，英國發明家約瑟夫·斯萬以更好的技術製作了炭絲燈泡，並在英國取得專利。

差不多同一時間，兩名加拿大電氣技師研究在注滿氮氣的玻璃瓶中放入炭桿，再通電發光。他們在申請專利後，沒有足夠金錢繼續研究，所以把專利賣給大家熟悉的湯瑪斯·愛迪生。

→愛迪生第一個成功製作的電燈泡。

Photo Credit: "Edison bulb"by Alkivar / CC BY-SA 3.0

斯萬和愛迪生兩人各自進行改良研究，本來是相安無事的。但當愛迪生想進軍英國時，因斯萬在英國已取得專利，二人曾為此對簿公堂。最後兩家公司合併，並照亮了世界。

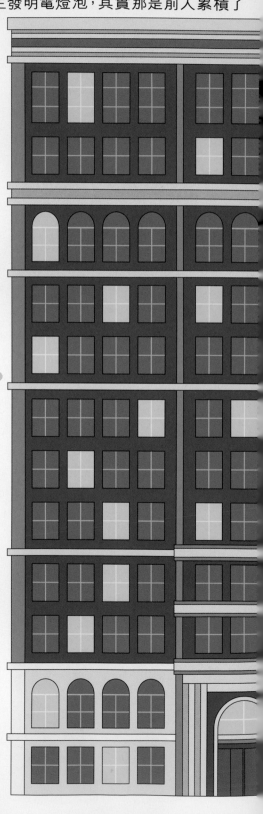

# 高樓大廈

因受制於當時的建築材料及技術，以前的建築物只有兩三層高。

1871年10月，美國芝加哥發生了一場規模前所未有的大火災。因當時正值乾旱少雨，加上建築物多用木造，令一場小火火勢一發不可收拾，造成大量建築物焚毀和人命傷亡。

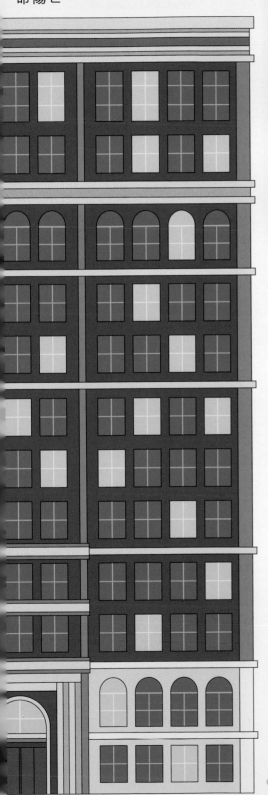

↑美國藝術家製作的版畫，描述了大火發生時，人們慌忙逃生的情景。

及後，芝加哥政府在重建時，考慮到城市規劃和節省用地，採用了新建築技術，令建築物可建得更高，容納更多人。

隨着煉鋼技術愈加成熟，同時建築師也把鋼運用在建築物上，讓建築物本身變輕的同時，能承載的重量增加，令建築物愈建愈高。

美國芝加哥的家庭保險大廈被視為第一幢高樓大廈。它建於1885年，樓高十層，共42.1米。之後在1891年加建了兩層，達到54.9米。

只有10層也算是高樓大廈嗎？

當時升降機還未普及，所以建築物最多只有5、6層高啊。

# 抽水馬桶

## 16世紀

英國大臣約翰·哈林頓發明了用水把穢物沖走的抽水馬桶,並安裝在女王伊莉莎白一世的莊園內。

## 1840～1855年

英國水電技工湯馬斯·克拉普對馬桶作出了多項改良,更成立了銷售廁所用品的公司。在他大力宣傳下,廁所不再是公開場合難以談論的忌諱,使馬桶愈來愈普及。

如果要用英文委婉地說想上廁所,可以用:
May I be excused? /
Excuse me for a moment.

## 1775年

蘇格蘭鐘錶匠亞歷山大·卡明發明了S型彎管,作用就像現在的U型彎管,能用水隔開去水道和馬桶,令臭味不會傳回室內。

 ←S型彎管

 →U型彎管

英國發明家約瑟夫·布拉梅在卡明的基礎上,設計了沖水箱浮閥系統,令沖水箱自動調節水量。

## 1848年

英國頒佈公共衛生法,規定家家戶戶必須安裝馬桶,可是這善意的法令卻令倫敦發生史無前例的惡臭。

### 小知識 大惡臭

在十九世紀,倫敦本來建有排水系統處理雨水,可是不少人安裝馬桶後,把污水接駁至排水渠,再加上大量工廠廢水,這些未經處理的污水全都直接流入泰晤士河。

在1858年的炎熱夏天,細菌在不勝負荷的泰晤士河裏大量滋生,令附近變得愈來愈臭,細菌甚至污染了人們的飲用水,導致在貧民區爆發霍亂。

→《大偵探福爾摩斯㊻幽靈的地圖》就是根據這段歷史改編而成。

☠ TOXIC ! ☠
DON'T DRINK!

# 與福爾摩斯有關的重要發明

與你有關即是關於查案的吧？

對，是我很常用的方法呢！

## 指紋法

1858年

威廉·赫雪爾男爵在印度工作時，要求人們在文件上打上手印或指紋，他發現造假和冒認的情況竟然減少了，遂開始研究文件上的指紋，其後把成果寫成《指紋學》一書。

### 公元前200年

埃及人和中國人已經知道，每個人的指紋都是獨一無二，並用在確認身份上。但卻沒人分析過指紋的種類，也不曾搜集整理。

圖中隱藏了三個指紋，各位能否把它們全部找出來呢？

### 1858年

蘇格蘭醫生亨利·福爾茲發表了一篇關於指紋的論文，當中提及指紋可以用在查案上。他在1886年回英國後，向倫敦警察廳建言，但遭拒絕。

### 1891年

阿根廷警官胡安·烏切蒂奇在囚犯檔案中加入指紋，建立了世界第一個罪犯指紋資料庫。翌年，阿根廷一個小鎮中發生謀殺案，警察在門框上發現一個血指紋，最終靠這指紋令兇手認罪，可說是第一個以指紋破案的謀殺案。

嘩！這些發明真的影響我們很多啊！

對，大家覺得最有用的是甚麼呢？

答案

# 大偵探福爾摩斯

## SHERLOCK HOLMES

## 實戰推理短篇
## 少年偵探團G (下)

厲河=原案／監修　　陳秉坤=小說／繪畫

陳沃龍、徐國聲=着色

**夏洛克**
天資聰穎，長大後成為了倫敦最著名的私家偵探。

**猩仔**
少年時代的李大猩，頑皮又好勝。

**上回提要：**

　　猩仔提出要組成「少年偵探團G」，第一個任務竟然是帶夏洛克與馬齊達到紅磚工場附近堆雪人。就在眾人堆好雪人之時，看守工場的老頭卻怒氣沖沖地把他們趕走。及後，馬齊達發現遺失鑰匙而獨自折返，卻意外目擊兩個鬼鬼祟祟的人乘着寫有「T&M Co.」的馬車把一些可疑的木箱運進工場。翌日，馬齊達告知猩仔和夏洛克事發經過，為了查明真相，三人決定從「T&M Co.」這家公司着手調查……

　　「如果『**T&M Co.**』是在區內的話，郵差一定知道它在哪裏。而且，我們還有人名**米克**，說不定郵差還認得這個名字呢。」夏洛克說。

　　「唔……下一步該怎辦呢……」猩仔**一臉嚴肅**地用尾指摳着鼻子沉思，突然，他眼前一亮，「找郵差！去找一個郵差！少年偵探團G馬上出發！」說着，他興奮地拔下了一條鼻毛。

　　見狀，夏洛克和馬齊達嚇得慌忙走避，可是說時遲那時快，「**乞嚏**」一聲襲來，兩人又被擊個正着。

　　「**哇呀！髒死了！**」夏洛克和馬齊達同聲慘叫。

　　「哈！打完噴嚏，整個人也精神了呢！」猩仔說着，掏出**手帕**使勁地擦了擦鼻子。

　　「咦？」這時，他才察覺夏洛克兩人臉上沾滿了口水鼻涕，還**怒盯**着他。

　　「啊？」猩仔看看自己手上的手帕，「想用這個？我不怕髒，**借給你們用吧**。」說着，他大方地把手帕遞了過去。

15

「甚麼？」夏洛克氣極，「你留給自己用吧！」說完，就拉着馬齊達跑到洗手間去清洗。

「太奇怪了，他生甚麼氣呢？」猩仔感到**莫名其妙**。

不一刻，夏洛克和馬齊達清洗完畢走出來時，店前傳來了一個人的叫聲：「有人嗎？」

三人走到店前一看，原來是一個**揹着大郵包的老郵差**派信來了。

「來得正好！」夏洛克連忙趨前說，「**郵差叔叔，早安！**」

「啊？豬大媽不在嗎？」老郵差慢悠悠地把一封信遞上，「麻煩你把信交給她吧。」

「好的。」夏洛克接過信後，**裝作不經意地**問道，「對了，請問你有沒有聽過一間叫做『T&M Co.』的公司？」

「『T&M Co.』？這名字好耳熟，待我想想……」老郵差不自覺地仰起頭來細想，「唔……在**洛曼頓街**……好像有一家這樣的公司。」

「在洛曼頓街嗎？它是一家怎樣的公司？」猩仔搶着追問。

「好像是做**進出口生意**的。你們問來幹嗎？」老郵差有點生疑。

「這個嘛……」夏洛克想了想，慌忙**編了個謊話**，「豬大媽叫我們去找『T&M Co.』的米克先生查詢**批發貨品**的事，所以隨便問一下罷了。」

「米克先生？呀！這名字讓我記起來了。」老郵差說着，翻了翻揹着的大郵包，然後掏出一封信看了看說，「對了，碰巧有封信要送給米克先生呢。」

「真的嗎？太好了，我們替你送過去吧！」猩仔**順水推舟**。

「不行！不行！」老郵差**一口拒絕**，「這是我的工作，不能隨便交給別人代勞。」

「哎呀，反正我們也要去那邊，替你**省點時間**不好嗎？」猩仔落力遊說。

「走、走、走！別再說了，我忙着呢。」老郵差擺擺手，正想離去之際，突然，猩仔「嗖」的一下，從老郵差手上奪過信件。

「不要緊啦！交給我吧！」猩仔把信件揚了揚，**轉身就跑**。

「喂！你怎可以這樣！」夏洛克和馬齊達沒料到猩仔**有此一着**，被嚇了一跳。

「小胖子！別走！把信還給我！」老郵差一邊大叫一邊**巔巍巍**地跟着追去。

「我辦事你放心，再見！」猩仔大叫一聲後，**頭也不回地**跑走了。

「嘎嘎嘎……小胖子……竟然跑得這麼快！」老郵差跑了不到幾步，就已經停下來喘氣了。

夏洛克見狀，只好追上去說：「郵差叔叔，你放心，我一定會叫小胖子把信送到米克先生手上的。」說完，他就拉着馬齊達往猩仔的方向追去了。

追了幾個街口，兩人終於追上了。這時，只見猩仔正倚着路旁的一個郵筒，**全神貫注**地看着手上的一張紙。

「你不可以搶信呀！」夏洛克走近後，斥責道。

「別吵！」猩仔眼睛仍盯着手上的紙，「這是查案。桑代克先生說過，查案時任何微細的線索也不可錯過。」

「可是，搶信不太好吧？」馬齊達說。

「別**婆婆媽媽**！」猩仔仍盯着手上的紙，「查案就得不擇手段。」

「桑代克先生可沒教你**不擇手段**啊！」夏洛克不滿地批評。

「唔……這……究竟是甚麼意思呢？」猩仔沒理會同伴們的責

難，只是盯着手上的紙喃喃自語。

聞言，兩人好奇地湊過去看，只見紙上寫着一堆**不明所以**的圖案。

## 謎題①

>⊓⊓ ⊓⊐∪Ɔ・Ɔ ⊔ſſ・⊓∧⊓⊓

「這⋯⋯？這是甚麼？」馬齊達問。

「還用問嗎？」猩仔瞄了馬齊達一眼，「當然是寄給米克那封信啦。」

「甚麼？**你竟拆了人家的信！**」夏洛克不敢相信。

「甚麼人家的信？這是**犯罪分子**的信，還用客氣嗎？當然要拆來看看啦！」

「算了吧。反正已拆了，不如看看那些圖案是甚麼意思吧。」馬齊達提議。

夏洛克知道責難也沒用，只好奪過猩仔手上的信，仔細地看起來。

「**嘿嘿嘿**，你不用看啦。我已明白了！」

「明白甚麼？」馬齊達問。

「**那些是外星文！**」猩仔自作聰明地說，「一定是外星人正在跟米克通信！」

聞言，兩人幾乎「**啪**」的一聲摔倒在地。

「哪有甚麼外星人，一看就知道這是**某種密碼**啦！」夏洛克沒好氣地說。

「甚麼？**密碼？又是密碼？**」猩仔說，「最近好像遇到很多密碼呢！」

「如果是密碼，究竟是甚麼意思呢？」馬齊達問。

「這是一封信，信大都是由文字寫成的，看來這些圖案只是**某種文字的轉換**。」夏洛克冷靜地分析道，「假設最初的三個圖案，是代表最常用的英文字，例如**THE——**」

說到這裏，夏洛克忽然停了下來。

「是THE又如何呀？」心急的猩仔問。

「是THE的話……」夏洛克靈光一閃，「這樣就可以**解得通**了！」

「解得通？怎麼解？」馬齊達緊張地問。

「有紙筆嗎？」

馬齊達慌忙掏出**筆記本和鉛筆**遞上。

「這些圖案看似沒有意義，但把它們組合起來應該是這些形狀。」夏洛克一邊解釋，一邊在筆記本上畫了下面的圖案。

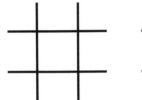 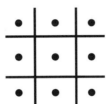  

「即是甚麼啊？」猩仔摸不着頭腦。

「還看不出來嗎？」夏洛克沒好氣地說，「這四個圖形，其實由**26個小圖形**組成，只要明白這一點，就能破解密碼了。」

「由26個小圖形組成？」馬齊達看看筆記本，又看看信件，有點信心不足地問，「難道……密碼是**The Gecko arrived**的意思？

「你答對了！」

「他答對了？為甚麼？」猩仔仍不明白。

「你不是**隊長**嗎？自己想想吧！」夏洛克說。

「對！我是隊長！所以我已想通了！」猩仔信心十足地拍了一下自己的胸膛說，「**是外星文！錯不了！**」

夏洛克兩人聞言，氣得**口吐白泡**，幾乎昏了過去。

假如你有看過《解碼緝兇》，應該能破解信上的密碼吧？真的破解不了的話，可以到p.28看看答案。

「不過，Gecko是甚麼意思呢？」馬齊達擦掉嘴角的白泡問。

「應該是指**壁虎**吧。」夏洛克說，「不過……信上為甚麼說『**壁虎已抵達**』呢？」

「我昨夜聽到那些木箱中傳出**窸窸窣窣**的聲音，難道裏面藏着的是壁虎？」馬齊達問。

「呀！我明白了！」夏洛克眼前一亮，「早前看報紙說一些**瀕危物種**很值錢，木箱裏的一定是**非法進口**的瀕危動物！」

「太可惡了！竟然販賣瀕危動物賺錢！我絕不會放過那些壞蛋！」猩仔**義憤填膺**。

「那麼……我們要報警嗎？」怕事的馬齊達有點猶豫地問。

「可是，單憑這封信警方未必會受理……」夏洛克思考了一會說，「這樣吧，我們潛入紅磚工場看看，假如真的發現瀕危動物，就去報警吧！」

「可是……那裏有個很**兇惡的老頭**啊。」馬齊達一想起那個蛇頭鼠眼的老人，就不禁有點害怕。

「哼！那老頭有甚麼可怕，我一根手指就可以把他捅個四腳朝天了！」猩仔**大言不慚**地說。

三人來到了紅磚工場後，發現那老頭正在鐵門附近的看守室裏睡覺。

「走！」猩仔輕聲地**發號施令**，夏洛克和馬齊達點點頭，就跟着猩仔悄悄地潛進了工場的前院。

可是，他們來到工場廠房的門口才發現**重門深鎖**，沒有鑰匙根本進不了去。

「鑰匙應該在那**看守室**吧。」夏洛克猜想。

「那老頭就在裏面，我們沒法拿啊。」馬齊達不安地說。

「嘿！太簡單了。」猩仔拍一拍心口說，「我去把他引開，你們就乘機去偷吧。」

「這……萬一你被老頭抓到怎麼辦？」

「嘿嘿嘿，**你當我是吃素的嗎？**我玩**捉迷藏**可從沒輸過啊！」猩仔咧齒笑道，「你們在這裏等着，當看到老頭追趕我時，就進去拿鑰匙吧！」

猩仔說完，就走到看守室前面大叫：

**「哇！有人在工作時間睡懶覺呀！」**

老頭被嚇得整個人彈了起來，他定神一看，發覺是個小孩，就高聲喝罵：「臭小子，竟敢吵醒老子！你*活得不耐煩*了！」說着，他一手抓起放在身旁的木棒就向猩仔衝去。

「哇！我好害怕呀！」猩仔扮了個鬼臉，轉身就跑。

**「豈有此理！」**老頭氣極，舉起木棒就追。

「機會來了！」夏洛克與馬齊達趕緊竄進看守室，兩人一踏進去，就看到牆上掛着**很多不同種類的鑰匙**。

「好多鑰匙啊……難道要全部帶走，逐一去試嗎？」馬齊達有點**不知所措**。

「這倒不用，你有注意**匙孔的形狀**嗎？」夏洛克問。

「我沒留意啊。」

「我可記得很清楚。」夏洛克說，「匙孔是這樣子的，所以一定是這一條。」說着，他用手比劃了一下匙孔的形狀，然後**自信滿滿**地選了一條。

**謎題②** 你能否根據匙孔的形狀，推斷出正確的鑰匙呢？

 Ⓐ

 Ⓑ

 Ⓒ

 Ⓓ

請運用一下你的想像力，想像一下鑰匙正面的形狀吧。如解答不了，可以看看p.28的答案。

「真的嗎？那我們快去開門吧。我怕猩仔會被那可怕的老頭抓

到。」馬齊達緊張地說。

「好！」

兩人悄悄地離開看守室，回到廠房的門外。夏洛克把鑰匙插進匙孔中一擰，「**咔嚓**」一聲響起，大門就被打開了。

「進去吧。」夏洛克說。

「嗯！」馬齊達雖然有點害怕，但也用力地點點頭。

兩人進去後，**小心翼翼**地把門關上。

「廠房那麼大，應往哪裏調查呢？」馬齊達壓低聲音問。

夏洛克仔細看了看四周，說：「你看，周圍都堆滿了雜物，地板又鋪滿了灰塵，看來那老頭平時**很少執拾和打掃**。不過，靠牆邊那條通道的地上佈滿了**腳印**，而且闊度足以讓人抬着箱子通過，看來那就是搬運的通道。我們走過去看看吧。」說着，夏洛克一馬當先，**躡手躡腳**地往那通道走去。

馬齊達「**嗗咚**」一聲吞了口口水，也放輕腳步跟着走去。

可是，他們走到盡頭時，卻被一扇鐵門擋住了。

「看來門後面是個**倉庫**呢。」夏洛克說。

「糟糕，是上了鎖的。」馬齊達指着掛在門上的鐵鎖說，「是一把**3位數的密碼鎖**。」

「噓，別作聲！裏面好像有些聲音。」夏洛克說着，把耳朵貼在門上細聽。

「唔……**窸窸窣窣**……**窸窸窣窣**的，看來是動物走路時發出的磨擦聲呢。」夏洛克皺起眉頭說。

就在這時，一陣腳步聲忽然從兩人身後響起，還隱約傳來兩個男人的對話聲。

「**是昨晚那兩個男人！**」馬齊達認出了那個沙啞的聲音。

「快躲起來！」夏洛克看了看四周，卻發現**無處可躲**，只好與

馬齊達蹲在角落，並隨手拿起一塊布，蓋在自己和馬齊達身上。

不一刻，兩個人的腳步聲逐漸走近，最後更停了下來。

「米克，快把門打開吧！這條大蛇很重呀。」一個沙啞聲喊道。

「得啦、得啦！**哎喲。密碼是甚麼呢？**我總是記不住數字，但幸好已寫了下來。」夏洛克聽到另一個聲音說。

接着，響起了紙張的磨擦聲，看來，那個米克掏出了一張紙。

「密碼應該記在腦袋裏呀！」沙啞聲不滿地說，「萬一被人看到怎麼辦？」

「放心啦。我沒有把密碼直接寫出來，就算給人看到，**也不會看得懂的**。」那個米克說完，又**自言自語**似的說，「唔……密碼是這個……這個……這個……」接着，「咔嚓」一聲，看來鎖被打開了。

然後，一下沉重的開門聲響起，夏洛克知道，倉庫的門被拉開了。

同一瞬間，一陣臭味襲來，夏洛克幾乎「**嗚**」的一聲喊了出來。馬齊達也馬上摀着鼻子，閉上呼吸。兩人都知道，那是**動物特有的臭味**。

「最怕打開這道門，臭老頭就是不肯打掃，真是**臭氣熏天**！」沙啞聲的腳步聲顯示，他走進倉庫後放下了甚麼東西，然後又「**噠噠噠**」地趕緊走了出來。

「太髒了！有東西可以**抹抹手**嗎？」沙啞聲問。

「那裏有一塊布。」叫米克的人應道。

「他說的不會是……？」夏洛克暗地一驚，但未及細想，已有人走近「**嗖**」的一下，掀起了蓋着他們的那塊布！

**「哇！有人？」**

夏洛克看到一個大個子吃驚地看着他們。

**「走！」**夏洛克趁對方驚魂未定，馬上拖着馬齊達**拔足就逃**。

但大個子**眼明手快**，已一把抓住馬齊達的衣領，把他整個人提了起來。同一瞬間，米克亦跳過來封住了夏洛克的去路。

「你們兩個臭小子，為甚麼會躲在這裏的！快說！」大個子**揚聲威嚇**。

「我……我們只是進來玩捉迷藏罷了。」夏洛克**人急智生**，胡亂編了個謊話。

「你們看到了甚麼嗎？」米克喝問。

「看到甚麼？沒有呀，**我們甚麼也沒看到**。」

「湯姆大哥，既然沒看到甚麼，就放他們走吧。」米克向大個子說。

「**不行！**」大個子湯姆怒道，「一看就知道這小子說謊！不能放他們！」

「那怎麼辦？」米克問。

「**把他們關起來！**」湯姆喝令，「反正過兩天就要把那些東西運走，待轉移地點後再放他們吧！」

說完，湯姆抓起馬齊達和夏洛克，把他們丟進了倉庫，並警告道：「臭小子，**識趣就別作聲**，乖乖的待在這裏，我們完事後就會放你們走。」

米克走過來，把鼻子湊到夏洛克面前嚇唬：「休想叫救命啊！亂叫的話，就**斃了你們**！」這時，夏洛克瞥見他口袋裏露出了一個紙角。

「一定是那張寫着密碼的紙！」在**電光石火**之間，夏洛克想起了兩個男人剛才的對話。

「記住呀！不准亂叫！」說完，米克轉身離開。但**說時遲那時快**，夏洛克伸手一拈，用指頭夾住了那張紙。可是，同一時間，他瞥見大個子正往這邊看來，只好慌忙把手縮回去。這時，那張紙剛好卡在米克的口袋邊上，卻沒有掉下來。

「**失敗了！**」夏洛克暗叫不妙。

然而，就在米克轉過身來用力關上鐵門的一剎那，他腋下的**袖根一扯**，那張紙在衣服的顫動下，輕輕地從口袋邊掉了下來。

　　「**隆**」的一聲，倉庫的鐵門已被關上了。

　　馬齊達看着被關得緊緊的鐵門，害怕得**渾身哆嗦**，幾乎要哭出來。

　　「別怕，他們說過不會傷害我們。」夏洛克安慰道，「而且**猩仔還在外面**，他一定會來救我們的。」

　　「可是……門被鎖上了，就算猩仔找到我們，我們也……也**沒法逃走**啊。」馬齊達**哭喪**似的說。

　　「這倒不一定。」說着，夏洛克立即趴到地上，從鐵門下的縫隙往外窺看。

　　「嘿！那傢伙竟沒察覺丟了東西。」夏洛克興奮地說，「**只要猩仔來到，我們就有救了！**」

　　「真的？」馬齊達**雙手合十**，喃喃地祈禱，「猩仔、猩仔、猩仔，你快來吧！」

　　「**乞嚏！**」猩仔仿似聽到了馬齊達的祈禱似的，打了一個大噴嚏。他擦一擦鼻水抬頭一看，發覺自己已跑到工場後方的叢林中。可是，同一時間，他也聽到了老頭追來的腳步聲，知道對方依然對他**窮追不捨**。

　　他想了想，已想出了既可避開老頭，又可走進工場的路線。

## 謎題③

猩仔為了避開老頭，必須沿着箭頭的方向前進。你知道他怎樣前往工場嗎？不懂也沒關係，請看p.28的答案吧。

| → | ↱ | → | ↓ | × | → | → | ↓ | → | ↓ |
| ↓ | ↔ | × | ↱ | ↱ | ↓ | × | ↓ | ↑ | × |
| ↓ | ↓ | ↓ | ← | ← | → | → | → | ↳ | × |
| ↓ | ↓ | → | → | ↑ | → | → | → | → | ↓ |
| ↓ | ↓ | ↓ | ↑ | → | → | → | ↓ | × | ↓ |
| ↓ | → | ↱ | ↱ | ↳ | ↑ | ↑ | ↓ | ↑ | ↓ |
| → | → | ↓ | ↓ | × | → | ↑ | ↓ | ↑ | ↓ |
| × | ← | ← | → | → | ↑ | × | ↔ | ↑ | ● |

　　夏洛克與馬齊達在等待猩仔期間也沒閒着，他們逐一檢查**倉庫裏的木箱**。果不其然，木箱裏都是一些**蛇和蜥蜴**之類的動物，看來都是**禁止進口的瀕危物種**。

25

「他們非法販賣動物？」馬齊達又驚又怒，「太可惡了！這會令這些動物**絕種**啊！」

「不僅這樣。當非原生動物進入另一個國家時，或許會造成生態破壞，因為『**入侵物種**』繁殖得太快的話，可能會殺死原有物種，引發**自然生態的災難**啊。」夏洛克說。

「喂！新丁1號、2號，你們在裏面嗎？」忽然一個熟悉的聲音傳來。

「呀！是猩仔！」夏洛克大喜。

「**我們在這裏啊！**」馬齊達連忙大聲回應。

「別擔心！我來救你們！」猩仔在門外說。

可是，他馬上又說：「咦？這裏有個密碼鎖，怎樣開呢？」

「你撿起地上的**紙**看看，紙上可能有提示。」夏洛克提醒。

「紙嗎？紙……有了！」門外傳來猩仔興奮的聲音。

可是不一刻，猩仔又叫道：「哎呀，甚麼意思呀？**完全看不懂啊！**」

「**稍安毋躁**，你讀出來，我們一起想。」夏洛克冷靜地說。

「好的，你們聽着。」

> I. 319——其中1個號碼及位置正確。
> II. 927——其中1個號碼正確，但在錯誤位置。
> III. 286——其中2個號碼正確，但均在錯誤位置。
> IV. 546——全部號碼都是錯的。
> V. 153——其中1個號碼正確，但在錯誤位置。

夏洛克想了想，問道：「是3位數的密碼鎖，對吧？」

「是啊。」

「你把那張紙從門下的縫隙插進來，讓我再看看。」

「好。」一張紙馬上在門下出現了。

夏洛克撿起來細看，然後**唸唸有詞**地說了些甚麼，突然眼前一亮：「我知道了！**密碼是812**，你試試把鎖打開吧！」

「咦？你怎麼知道的？」馬

根據提示一步一步地推算出密碼吧。不懂的話，可以到p.28看看答案。

齊達和猩仔**異口同聲**地問。

「那些壞人隨時會回來，現在不是解釋的時候。你先開鎖吧。」

「好的。」

夏洛克和馬齊達**屏息靜氣**地等候，不一刻，兩人聽到「**咔嚓**」的一聲響起，然後「**嘰**」的一下，門被拉開了。

「哇！太好了！」馬齊達開心得幾乎哭出來。

「快走吧！」夏洛克三人連忙逃離工場，再到警局報了案。

第二天，報紙大字標題地寫着：「**搗破偷運瀕危動物團伙，三名少年建奇功**」。新聞中表揚了夏洛克、猩仔和馬齊達三人，卻隻字不提「少年偵探團G」，令猩仔**好不沮喪**。

「少年偵探團G首次出動就破了大案！報紙竟然**隻字不提**，太過分了吧。」猩仔把報紙扔給馬齊達，不滿地說。

「還不是因為你**口沫橫飛**，不停地說甚麼新丁1號、2號，最後還打了個大噴嚏，弄得記者們**滿臉鼻涕**，人家才採訪不下去呀。」夏洛克沒好氣地說。

「我跟你說，噴嚏是人體的**自然反應**，和放屁一樣，是控制不了的。所以嘛，嘿嘿嘿……我已經**放棄控制**了。」猩仔說着，忽然咧齒奸笑。

同一瞬間，夏洛克和馬齊達聞到了**一股惡臭**。

「是甚麼氣味？」夏洛克捏着鼻子問。

「**無聲屁**呀，神不知鬼不覺吧。」猩仔拍拍自己的屁股，自豪地說。

「**臭死我啦！**」夏洛克和馬齊達的慘叫響遍了整條街道。

解謎篇

## 謎題①

其實每個圖案都代表1個英文字母。26個英文字母如下圖所示：

| A | B | C | J • | K • | L • | | S | | | W • | |
|---|---|---|---|---|---|---|---|---|---|---|---|
| D | E | F | M • | N • | O • | T | X | U | X | X | Y |
| G | H | I | P • | Q • | R • | | V | | | Z | |

所以答案就是：The Gecko arrived

## 謎題②

想像一下每條鑰匙的正面，就知道只有D才能放進匙孔內。

D

## 謎題③

仔細觀察，逐步嘗試，必定能解開這道謎題。

## 謎題④

①根據III和IV的提示，我們可以肯定密碼中必定包括「8」、「2」。

②根據II的提示，可以確定「2」必定是密碼最後的數字，並根據III的提示，可推論出「8」必定是密碼的頭一個數字，也就是説密碼應該是8＿2。

③根據I和V的提示，密碼可能是3＿＿或＿1＿。但因為我們已經推論出密碼是8＿2，可以排除3＿＿。

④綜合以上幾點，所以密碼就是812。

# 大偵探開篷車

福爾摩斯破案後，與華生一起乘開篷車去兜風。
不知道他們的目的地是哪裏呢？

製作難度：★★★
製作時間：60分鐘以上

親子

## 所需材料

p.29、31、33紙樣

膠紙　白膠漿　漿糊筆
竹籤
美工刀
剪刀
* 使用利器時，
　須由家長陪同。

掃描 QR Code
進入正文社
YouTube頻道，可
觀看製作短片。

## 製作流程　車身

**1** 裁走綠色斜間部分，如圖摺車身。

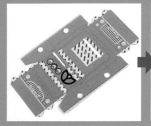

**2** 如圖摺⑤和⑥，貼在車身背面相應位
置，紅點對紅點，藍點對藍點。

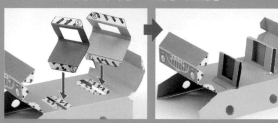

**3** 將摺好的福爾摩
斯和⑥c插入做法
②的開孔內。

**4** 如圖摺⑤a和⑥a，塗上漿糊黏在做法 3 的
黏貼位上。

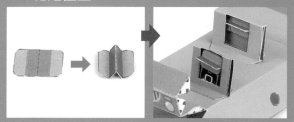

---

沿黑線剪下　沿紅線向內摺　沿綠線向外摺　裁走部分　黏貼處

小說

**5** 黏合車身。

行李箱 **6** 拼合行李箱，如圖貼到車身上。

車軸和車輪

**7** 如圖摺車軸蓋和車輪。

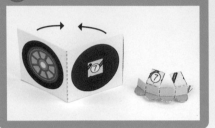

**8** 沿黑線剪下車輪，將車軸蓋貼在車輪上。

**9** 用竹籤將車軸捲成圓筒形，貼上膠紙固定。

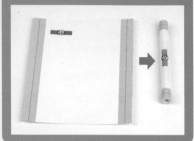

**10** 車軸穿過車身，在車軸蓋內塗上白膠漿，拼合車輪。

**11** 如圖摺⑤b和⑥b，在背面黏貼位塗上白膠漿貼在車軸上。

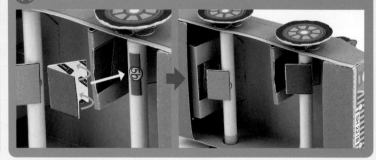

**12** 將餘下的紙樣摺好，貼上車頭玻璃和座椅，將小說和蛋糕放進行李箱內。

完成！

當車子向前推進時，除了福爾摩斯會上下移動外，行李箱的蓋子也會開合哦。

車子在平滑表面較難移動，最好放在紙上玩。

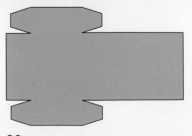

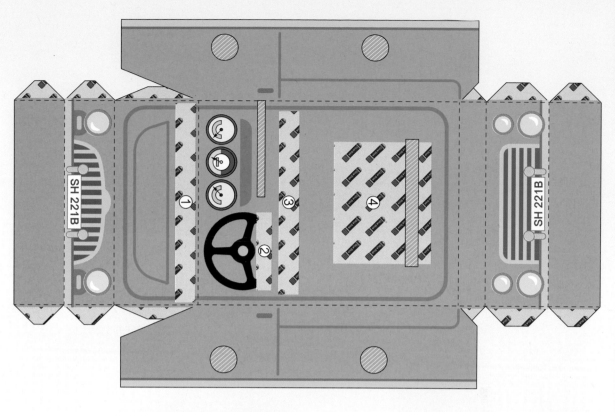

車頭玻璃　　　　　　座椅

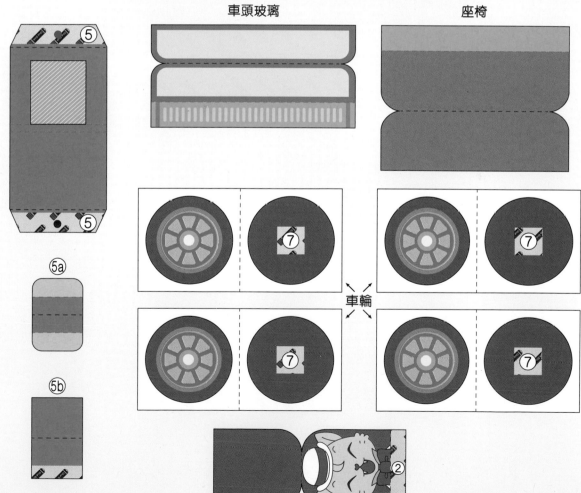

車輪

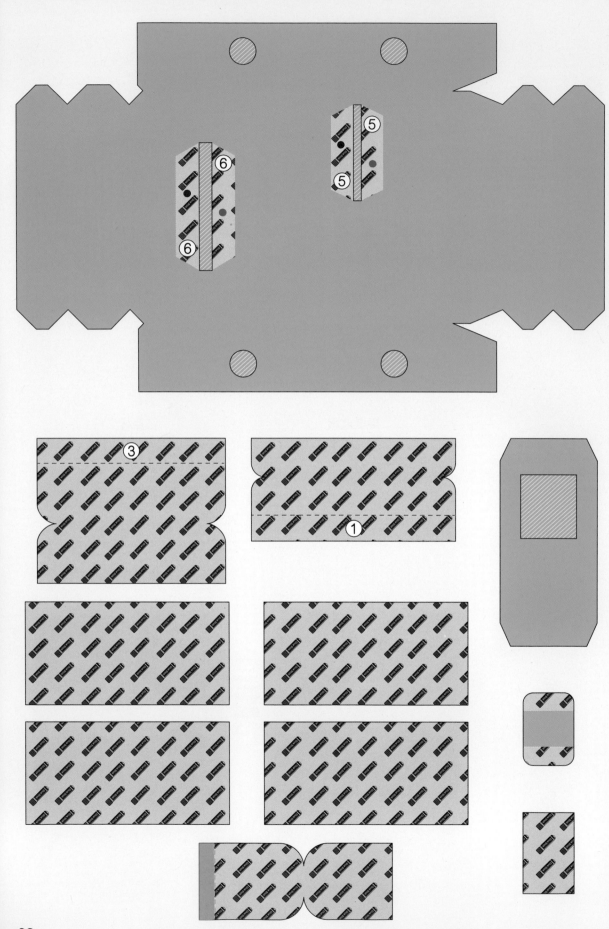

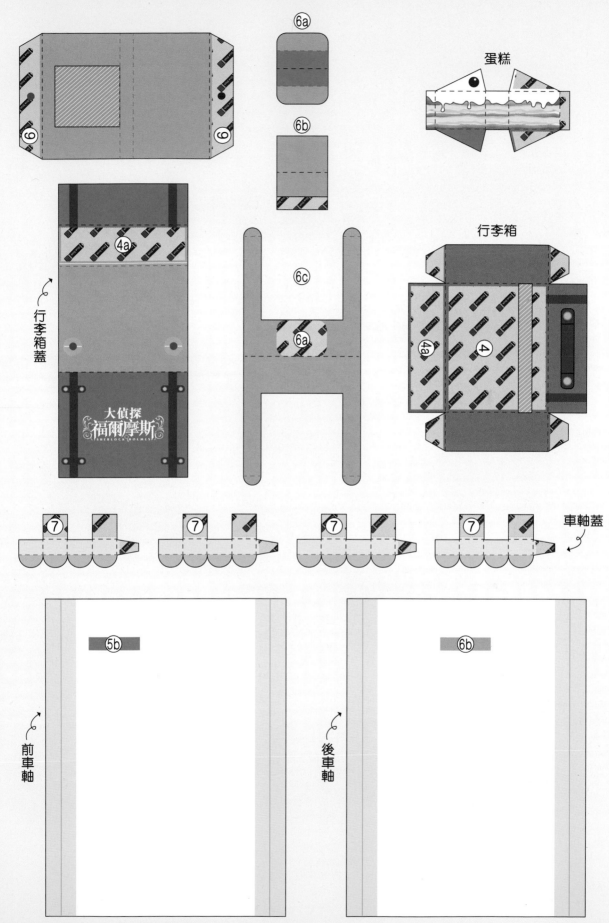

蛋糕

行李箱蓋

⑥a

⑥b

⑥c

⑥a

④a

行李箱

④a

④

車軸蓋

⑦

⑦

⑦

⑦

大偵探
福爾摩斯
SHERLOCK HOLMES

⑤b

⑥b

前車軸

後車軸

英國工業革命前後新發明湧現，除了因為科技進步，更重要的是對生活感到不便，想改善的心態。所以大家多觀察人們的需要，再努力研究解決方法，或許能成為下一個發明家啊！

《兒童的學習》編輯部

顏景行

不論大家填寫的是紙本還是電子問卷，我們都會全部看完啊。

林靖

9分

兒學加油！

森巴很好笑！！

李悅

希望刊登
1. 為甚麼我常常做問卷，但沒有刊登？(請評分 1-100)
今期森巴非常好看。

85分

希望有M博士警報

9分

種刊登兒童的學習

加油！

請評分 (1-10)

華生是男生啊！

潘恩言

我們每期都會收到很多問卷，可惜「讀者信箱」版面有限，只能挑選部分刊登。

陳美祈

85分

狸任

讀者意見區

請評分 (100)

大氣層有甚麼東西？

譚浩銘

大氣層是受重力吸引，包裹着地球的氣體，主要成分有氮、氧、氬、二氧化碳、水等。大氣層能阻擋太陽輻射直接照向地球，令地球溫度保持穩定，是非常重要的啊！

如果有任何疑問，也可寫在問卷上寄回來。

請評分 (1-10)

8分

教授蛋會為大家解答啊！

龍昊朗

# 簡易小廚神

通識 親子

# 韓式海鮮煎餅

中秋節快到，這不僅是中國人的大節日，韓國人也很重視，煎餅是其中一種應節食品，餡料多變，有葷有素，任君選擇。

掃描 QR Code
可觀看製作短片。

你可以按喜好煎成一大塊，或者容易吃的一件件小塊啊！

製作難度：
★★☆☆☆
製作時間：
約40分鐘

## 所需材料（約可做14小塊）

### 餡料
韭菜 50g
急凍雜錦海鮮 150g
洋蔥 1/4 個
甘筍 1/3 條

### 麵糊
中筋麵粉 100g
冰水 140ml
粟粉 40g
雞蛋 1隻
鹽 適量
胡椒粉 適量

### 沾醬
醬油 3湯匙
糖 2茶匙
白芝麻 1茶匙
麻油 1茶匙

**1** 將海鮮解凍及洗淨，比較大件的切細，以適量鹽稍醃。

*使用利器時，須由家長陪同。

**2** 將沾醬材料混合。

**3** 將甘筍、洋蔥切粒，韭菜切小段。

**4** 將麵粉及粟粉混合。

**5** 加入雞蛋及冰水拌至無粉粒。

*①考考你：為甚麼要用冰的水？

**6** 下適量鹽及胡椒粉調味。

**7** 加入海鮮及蔬菜拌勻。

**8** 中火熱鑊下油，舀1/3湯勺做法**7**麵糊到鑊中。

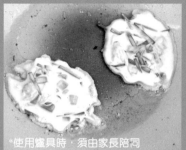

*使用爐具時，須由家長陪同
*②考考你：油要下多少？

**9** 煎至定型後翻轉再煎。

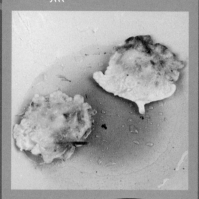

**10** 兩面都呈金黃色便可盛起。

**11** 食用時沾醬汁同吃。

完成！

喜歡吃辣的，可以用泡菜代替韭菜，甚至在沾醬內加辣椒粉也可以啊。

聽說韓國人特別喜歡在下雨天吃煎餅，為甚麼？

據說下雨天不能外出，韓國人會在家用最容易找到的食材做簡單的煎餅，加上煎餅時的油聲跟下雨聲相似，所以就有這個傳統。

## 韓國的中秋

中秋節是韓國三大節日之一，和我們一樣，日子也是在農曆八月十五日，這天除了是一家團聚日子，也會於晨早在家中進行祭祀，準備松餅、煎餅、米飯、酒等供奉祖先，然後與家人分享。祭祀結束後，家族會前往掃墓，奉上祭品、敬酒及除草，以盡孝道。

松餅

Photo credit: Republic of Korea

答案：
①用冰水可令煎餅口感香脆，冰水愈少分，也可用攪拌打至起泡。
②油與鑊邊呈下約一層薄，舀半多隨雞蛋1/2碗即可，用目測鑊的薄薄省些而定。

少年偵探團G首次出動，便偵破了販賣瀕危動物的案件，為他們打下了強心針。你們有留意故事中的成語嗎？是否知道它們的意思？

# 順水推舟

「真的嗎？太好了，讓我們替你送過去吧！」猩仔**順水推舟**。

「不行！不行！」老郵差一口拒絕，「這是我的工作，不能隨便交給別人代勞。」

順着水流推船，比喻順應形勢說話或辦事。

很多成語都與河流有關，你懂得以下幾個嗎？

## ■■開河
指說話沒有根據，不加思索亂說一通。

## ■■懸河
說話像瀑布般滔滔不絕，形容能言善辯。

## 水盡■■
水枯竭，鵝飛離，比喻恩斷義絕，一無所有。

## ■■流水
原形容暮春景色的殘敗，後比喻被敵人打得慘敗的樣子。

# 不擇手段

「可是，搶信不太好吧？」馬齊達說。

「別婆婆媽媽！」猩仔仍盯着手上的紙，「查案就得**不擇手段**。」

「桑代克先生可沒教你不擇手段啊！」夏洛克不滿地批評。

為求達到目的，甚麼手段都使得出來。

下面是一個以四字成語來玩的接龍遊戲，你懂得如何接上嗎？

① 選擇有益的事去做。
② 形容文章字畫不受拘束。
③ 趁混亂謀取不正當利益。

|   | ① |   |   |
|---|---|---|---|
| 不 | 擇 | 手 | 段 |

③ 混

② 行　水

形容胸中因充滿正義而激起憤怒。

# 義憤填膺

「呀！我明白了！」夏洛克眼前一亮，「早前看報紙說一些瀕危物種很值錢，木箱裏的一定是非法進口的瀕危動物！」

「太可惡了！竟然販賣瀕危動物賺錢！我絕不會放過那些壞蛋！」猩仔**義憤填膺**。

# 隻字不提

「少年偵探團G首次出動就破了大案！報道竟然**隻字不提**，太過分了吧。」猩仔把報紙扔給馬齊達，不滿地說。

與「義」字有關的成語很多，以下五個全部被分成兩組並調亂了位置，你能畫上線把它們連接起來嗎？

正義•　　•執言
義正•　　•凜然
仗義•　　•勇為
見義•　　•滅親
大義•　　•辭嚴

以下的字由四個四字成語分拆而成，每個成語都包含了「隻字不提」的其中一個字，你懂得把它們還原嗎？

一個字也沒有提起。

隻重千舊
金字遮處
天變不人
話手驚提

_____
_____
_____
_____

# 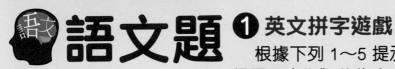 語文題

## ❶ 英文拼字遊戲

根據下列 1～5 提示，在本期英文小說《大偵探福爾摩斯》的生字表（Glossary）中尋找適當的詞語，以橫、直或斜的方式圈出來。

| J | D | I | V | U | L | G | E | D | I | V | K |
|---|---|---|---|---|---|---|---|---|---|---|---|
| R | C | E | K | F | U | I | E | E | U | S | S |
| A | R | O | Z | U | L | R | L | M | N | T | O |
| K | E | T | N | F | J | O | I | B | V | U | P |
| W | E | H | D | V | C | Y | D | Y | R | B | J |
| Q | P | F | T | U | E | B | D | O | G | B | J |
| J | F | T | C | J | E | Y | K | O | U | O | N |
| M | Q | R | C | H | K | A | Y | R | L | R | M |
| R | E | S | O | L | U | T | E | I | B | N | E |
| E | Y | C | H | J | K | P | E | N | M | Q | R |

例（形容詞）固執的
1. （名詞）氣味
2. （動詞）透露
3. （動詞）傳達
4. （名詞）壞蛋、討厭的人
5. （形容詞）堅決的、堅定的

## ❷ 看圖組字遊戲　試依據每題的圖片或文字組合成中文單字。

例

洋

a

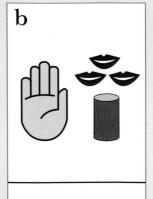

b

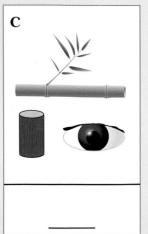

c

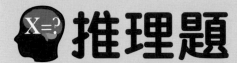

## 推理題

### ❸ 欠哪種水果？

水果店正促銷水果，每份雖然配搭各異，但價錢相同。

 A

 B

 C

 D

你知道D果籃裏欠了甚麼水果嗎？

## 數學題

### ❹ 火車過隧道

一輛火車長500米，行駛速度每小時60公里，它正要駛進長500米的隧道。

火車要花多少時間才能完全穿過隧道呢？

500米　　　　　　　500米

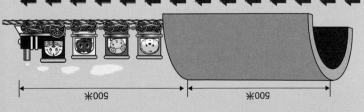

500米　　500米

所以答案是15分鐘。

即1立車。
已知時速1公里(60分鐘)=60公里，那麼1分鐘=1公里，
即1立車。
每分鐘隧道長度及火車的全長是（500（米），即共是 1000 米，並要

4. 15分鐘
火車要完全穿過隧道，除了要計隧道長度（500（米），還要

所以D果籃裏應該是欠少了 1 個 。
由水果店，B果籃便是欠於 4 個 。
從A和C果籃可以得知，1個 等於 2 個 。

3.

2. a. 剪　b. 摺　c. 貼

答案

41

# 快樂大獎賞　改變未來的科技

## 參加辦法

於問卷上填妥獎品編號、個人資料和讀者意見，並寄回來便有機會得獎。

沒有現代科技的發展，我們的生活會變成怎樣呢？

### Ⓐ LEGO創意系列 太空採礦機械人 31115　1名

與太空採礦機械人一起探索太空，體驗奇妙的太空之旅。

### Ⓑ 兒童3D立體打印筆　1名

預熱後可以任意勾勒各種線條和圖案，將平面創作變成立體世界。

### Ⓒ 極速都市紅外線街頭賽車　1名

你也可以成為一個賽車手，就算是飄移也難不倒你。

### Ⓓ 兒童的科學教材版第156期 電動之城　1名

齊來學習電能動力巴士的原理。

### Ⓔ 4M植物迷宮　1名

每日觀察植物生長之餘，還要幫忙澆水啊。

### Ⓕ 大偵探福爾摩斯 提升數學能力讀本： 加減乘除之卷　1名

與大偵探福爾摩斯一起學習數學知識。

### Ⓖ 角落生物A4文件夾　2名

一包2個，正反面都有不同圖案。

### Ⓗ Bandai 角骰　1名

Q版竈門炭治郎立體扭計骰。

### Ⓘ 冰雪奇緣髮飾套裝　1名

有鏡、梳、手鏈、髮圈和髮夾。

## 第65期得獎名單

| | 獎品 | 得獎者 |
|---|---|---|
| Ⓐ | 20吋桌上足球機 | 曾諾行 |
| Ⓑ | LEGO Creator 3in1賽車運載車31113 | 周德權 |
| Ⓒ | 兩人彈射籃球場玩具 | 魏柏榆 |
| Ⓓ | 兒童初學者訓練羽毛球拍一對 | 袁嘉希 |
| Ⓔ | 大偵探雨傘 | Jasmine Leung |
| Ⓕ | 桌上氣墊球 | 鍾欣穎 |
| Ⓖ | 迪士尼公主手鍊手錶（隨機獲得其中一款） | 林銳栢、凌巧柔 |
| Ⓗ | 角落生物填色畫冊 | Chan Hoi Ka |
| Ⓘ | 大偵探福爾摩斯功課簿 | 胡樂瑤、郭晙謙 |

截止日期2021年10月14日
公佈日期2021年11月15日 (第69期)

- 問卷影印本無效。
- 得獎者將另獲通知領獎事宜。
- 實際禮物款式可能與本頁所示有別。
- 本刊有權要求得獎者親臨編輯部拍攝領獎照片作刊登用途，如拒絕拍攝則作棄權論。
- 匯識教育有限公司員工及其家屬均不能參加，以示公允。
- 如有任何爭議，本刊保留最終決定權。

# SHERLOCK HOLMES
## 大偵探福爾摩斯

## The Dancing Code ③

**Sherlock Holmes**
London's most famous private detective. He is an expert in analytical observation with a wealth of knowledge. He is also skilled in both martial arts and the violin.

Author: Lai Ho
Illustrator: Cheng Kong Fai / Lee Siu Tong
Translator: Maria Kan

**Watson**
Holmes's most dependable crime-investigating partner. A former military doctor, he is kind and helpful when help is needed.

Previously : Upon learning that Cubitt's wife, Elsie, was being threatened, Holmes volunteered to conduct an investigation on the matter. Ever since cryptic drawings of dancing stick figures started to mysteriously appear in their house, Elsie was not only thrown into extreme terror, she even tried to stop Cubitt from catching her intimidator.

## The Resolute Response ②

"Perhaps the drawer of those five large stick figures was not the black shadow you saw by the shed's door but someone else instead," said Holmes as a frosty glimmer flashed across his eyes.

"What do you mean?" asked Cubitt.

"You still don't understand? Those five large stick figures were drawn by someone from your house!"

"What?" Both Cubitt and Watson were greatly taken aback.

"What makes you say that?" asked Watson.

"Try comparing the stick figure drawings on the door and the new drawing on the wall, and you would come up with the same conclusion too." Holmes then listed the details of the comparison.

| Stick Figures on the Door | Stick Figures on the Wall |
|---|---|
| ①The size was only as tall as a finger. The drawer was not worried that the intended **recipient** of the message could not see the drawings, so there was no need to draw them big. | ①The size was larger than a hand. The drawer was worried that the intended recipient of the message might not see the drawing, so there was a need to draw them big. |
| ②The door faces the house. The drawings were meant to be seen by someone in the house. That's why they were drawn on the door that faces the house. | ②The wall faces the road on the small mountain slope. The drawing was meant to be seen by someone outside the house. That's why the stick figures were drawn on the wall that faces the road on the small mountain slope. |
| ③One drawing had eight stick figures and the other had nine stick figures. The drawer needed to **convey** his intention clearly so the messages were longer. | ③There were only five stick figures. The drawer was only replying to the stick figure drawings on the door. There was no need for the message to be long. |

"Hence, I believe the five stick figures on the wall were drawn by someone in the house. And that person is none other than Mrs. Cubitt!" said Holmes **without reservations**, **hitting the nail on the head**.

"Oh my God..." Cubitt was stunned speechless.

"That makes sense," agreed Watson with his old partner's deduction. "From Mrs. Cubitt's frightened reaction, the stick figures on the door were meant for her to see. And if those five stick figures on the wall were a reply to those drawings on the door, then the replier must be Mrs. Cubitt."

"Precisely," said Holmes. "Moreover, that message on the wall was so short that I can sense how **resolute** she was in her reply."

"Why do you say that?" asked Cubitt.

"Very simple," analysed Holmes. "There are usually four different responses when a person is being issued with a threat. ⒶIgnore it. ⒷAccept it. ⒸRefuse to accept it. ❶Try to **negotiate**."

"If the five large stick figures were drawn by Mrs. Cubitt, then it certainly isn't ❹," said Watson.

"That's right," said Holmes. "And it isn't ❶ either, because if Mrs. Cubitt had wished to negotiate, the message would've been longer and not just a short message of five stick figures.

"What about ❷?" Cubitt asked worryingly. "Has she accepted the threat? Is that why her reply was so short?"

"It's possible, though I don't think that's the case here," deduced Holmes. "If she had accepted the threat, she could just get in touch with the **intimidator** directly instead of drawing stick figures to issue her reply."

"Not necessarily," disagreed Watson. "Maybe she doesn't know how to get in touch with the intimidator so she drew the stick figures to request a meeting."

"If that's the case, then the message would need to be longer, just like ❶. Drawing only five stick figures may not be enough to convey that intention clearly," said Holmes.

"So this leaves only ❸. She refuses to accept the threat," said the slightly relieved Cubitt. "I'm glad that Elsie is refusing to accept the threat. At least I know we're on the same side and we can stand up to her tormentor together."

"Yes," said Holmes. "From all the clues that we have gathered so far, it seems like Mrs. Cubitt not only knows how to decipher those stick figures, she also knows how to use those stick figures to convey messages. Moreover, she knows that this intimidator is far from being a gentleman. She knows

**Glossary** negotiate (動) 談判    intimidator (名) 威嚇者

that direct **confrontation** would only lead to grave danger. However, something must be holding back the intimidator. He has chosen to convey his messages by drawing stick figures, which means he needs to make sure that no one else other than Mrs. Cubitt knows about his identity and the meaning of those stick figures. Otherwise, he could've chosen a less **convoluted** way to threaten Mrs. Cubitt."

"I don't care who he is! I must put a stop to this!" said the angry Cubitt bitterly.

"How will you go about doing that?" asked Watson.

"I will hire a few big, strong fellows and have them hide in the garden. They will **ambush** that creep when he shows up again and give him a good beating. He won't dare to *harass* Elsie again after that!"

"You absolutely must not do that!" cautioned Holmes. "Didn't you hear what I just said? This intimidator is dangerous. The fact that your wife had stopped you from chasing after him is proof. I think you should direct your focus on doing all that you can to protect yourself and your wife instead."

"What should I do then? I can't just sit around and wait for the worst to happen."

"Please give me one more day," said Holmes. "There should be enough material now for me to conduct a more thorough analysis. I should be able to crack the hidden messages in the stick figure drawings within a day. After that, we should be able to figure out the identity of the intimidator and ask the police to arrest him."

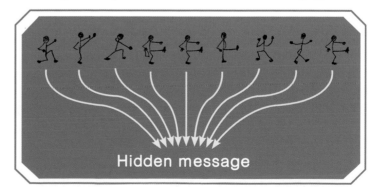

Hidden message

**Glossary** confrontation (名) 對抗、衝突    grave (形) 嚴重的、嚴峻的    convoluted (形) 複雜的、迂迴的
ambush (動) 伏擊    creep (名) 壞蛋、討厭的人    harass (動) 騷擾    crack (動) 拆解、破解

"One day?" muttered Cubitt as he thought over Holmes's words. "Alright, I will wait one more day."

"Please leave me all of the stick figure drawings."

Cubitt agreed with a nod.

"Remember, you must protect your wife and don't try anything **reckless**. You should go back home now and wait for my good news," reminded Holmes.

"Okay, I understand." After thanking Holmes and Watson, Cubitt headed back home.

## The Coded Message

"Your friend seems rather **stubborn**," said Holmes worryingly. "I hope he listens to me and doesn't try anything reckless."

"He is a righteous man who **abhors** evil, and right now his own wife is being threatened. His fury is only understandable." Watson then changed the subject and asked, "So you're confident that you can decode the stick figure drawings within a day?"

Holmes let out a shrewd chuckle and said, "Actually, I've already figured out the angle of approach in decoding the stick figures while we were sightseeing around the city the past few days. I just didn't have enough material at that time to completely crack the code yet."

Upon saying those words, Holmes spread out all the stick figure drawings on the table and immediately **dived into** the decoding work. Watson knew better than to disturb Holmes, so he sat down on a chair near the table and

**Glossary** reckless (形) 輕舉妄動的、魯莽的　　stubborn (形) 固執的　　righteous (形) 正直的、正義的
abhor(s) (動) 痛恨　　dive(d) into (片語動) 埋頭於、投入

48

watched on quietly.

Holmes stood by the table and stared at the drawings without moving a muscle. An hour had passed before he finally reached for the hotel's stationary drawer to take out a few sheets of paper. He then cut the sheets of paper into small squares and wrote down each of the 26 letters of the alphabet on the individual squares.

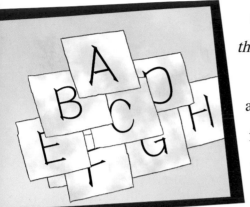

*Could each of the stick figure represent a letter of the alphabet?* thought Watson.

Watson watched as his old partner placed the alphabet squares below the paper strips of stick figure drawings. Holmes lined the squares into a row and began to make words with the squares. Holmes would stare at the **sequence** he had made, shake his head then rearrange the squares over and over again, as though he was matching pieces in a **jigsaw puzzle**.

Whenever Holmes was happy with a particular sequence, he would let out a light whistle of satisfaction. But whenever he was **stuck**, he would stare hard at the alphabet squares with his eyebrows tightly **furrowed**.

"How is it? Are you able to crack it?" Watson could not stay quiet any longer.

Holmes *shushed* Watson with a wave of his hand. He then walked to the window and looked out to the streets. Holmes was so **absorbed** that an hour had passed before he was finally tired of looking out the window and began pacing around the

**Glossary** sequence (名) 排列　jigsaw puzzle (名) 拼圖遊戲　stuck (形) 想不通的　furrowed (形) 緊皺的
shush(ed) (動) 示意某人安靜下來　absorbed (形) 專注的

49

hotel room. Sometimes he would take out his pipe for a few puffs. Sometimes he would rub his hands then sit down at the table again and resume playing the **perplexing** word-building game with the alphabet squares.

"Aha! I've got it at last!" said Holmes excitedly to Watson when the sun had already begun to set.

"Have you successfully decoded the stick figure drawings?" responded Watson with equal excitement.

"Yes, I've cracked it, but I must go out now to send a telegram. Please enjoy your supper without me." Holmes walked out of the room right after saying those words. He left the hotel so quickly that Watson did not even have a chance to ask for details.

*He is like this every time! Always keeping me in the dark at key moments and leaving me in suspense all by myself!* thought Watson as he rolled his eyes in frustration.

It was already late evening by the time Holmes returned to the hotel.

"It's pretty late. Where have you been?" asked Watson.

"I went to send a telegram."

"But sending a telegram doesn't take that long."

"No, it doesn't take much time to send a telegram but it takes a long time to wait for a reply," said Holmes. "I waited for three hours before I received a reply."

"Whose reply were you waiting for?" asked the curious Watson.

"The police station in New York."

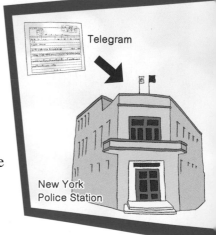

Telegram

New York
Police Station

"What?  New York Police Station?" asked the surprised Watson.  "Is this case connected to criminals in New York?"

"Oh yes, there is a very important connection," said Holmes with a shrewd chuckle.  "After I received the reply, I went over to the Central Police Station and asked an acquaintance of mine to conduct an investigation."

"You have acquaintances in Hong Kong?" asked the surprised Watson.

"Yes.  You know him too, actually."

"I do?  Who is he?"

"Superintendent Teigen.  He asked to transfer to Hong Kong after working on that kidnapping case.  It seems like he is pretty happy working in Hong Kong."

"Oh, Teigen!  I remember him.  It's good to have acquaintances close by.  So did you find what you were looking for?"

Holmes let out a huge yawn and waved his hand, "Yes, but I've been bustling about and I'm very tired.  I don't want to talk now.  We shall go visit Cubitt first tomorrow morning and tell him about the investigation results.  I'll divulge all the details at one go. Right now, please let me sleep. Goodnight."  On that note, Holmes plopped down on the bed, leaving the dumbfounded Watson standing by himself in the middle of the room.

*Holmes is keeping me in suspense again!  He must be doing this on purpose to drive me up the wall!  Oh how I just really hate him sometimes!* thought the frustrated Watson.

Holmes and Watson woke up early next morning after a good night sleep.  They quickly washed up and were about to head downstairs to the breakfast room.  As Holmes reached for the doorknob of their hotel room's front door, he noticed a letter was on the floor near the door.

"There's a letter on the floor. The hotel staff must've slipped the letter under the door last night without waking us up," said Holmes as he picked up the letter for a look. "It's from Cubitt. He must've sent someone to deliver the letter to us."

From: Hilton Cubitt

To: Mr. Sherlock Holmes

"Bringing us a letter so late at night? It must be something very urgent," said Watson with an uneasy feeling.

Holmes's eyebrows furrowed in concern upon hearing Watson's words. He immediately opened the letter for a look.

Dear Mr. Holmes,
 Sorry to be bothering you so late at night.
 At around 10 o'clock this evening, one of my maids found a paper aeroplane in the back garden. She unfolded the piece of paper for a look and saw two rows of stick figures drawn on the paper. When the maid showed the drawing to me and my wife, my wife was so frightened that she sobbed hysterically in her hands, yet she still refused to open up and reveal the truth. I could tell from my wife's reaction that the message this time was much more alarming than before, so I am delivering the paper aeroplane to you right away. Please take a look and see if you can decipher the meaning of these stick figures.

         Sincerely,
         Hilton Cubitt

"Here is the paper aeroplane," said Holmes as he **cringed** his **eyebrows**. "It seems to carry a strange **odour**."

"Really?" said Watson, giving the paper aeroplane a sniff. "You're right. It does smell strange. What could it be?"

**Glossary** hysterically (副) 歇斯底里地 cringe(d) eyebrows (動＋名) 皺眉 odour (名) 氣味

"That's not important now. Let's take a look at the content first." Putting aside the strange odour for now, Holmes quickly unfolded the paper aeroplane for a look.

"The first stick figure is E… The second is L… The third is S… The fourth is I… The fifth is E… That spells ELSIE." Holmes was muttering to himself aloud, but his muttering soon turned into silent movements of his lips.

However, Holmes suddenly began to mutter aloud again when he reached the end of the message, "The twenty-second is G… The twenty-third is O… The twenty-fourth is D… That spells GOD!"

"God? What does that mean?" asked the baffled Watson.

"Oh no! This is really bad!" shouted Holmes all of a sudden. "We must head to Cubitt's home right now before it's too late!"

Next time on **Sherlock Holmes** — Just when Holmes is about to finish decoding the dancing stick figures, a fatal shooting happens at Cubitt's home...

學語文　習通識　愛閱讀

# 兒童的學習

跨學科教育月刊

訂閱 1 年，可獲低於 85 折優惠

每月 15 日出版

定價 $38

## 增長語文知識，培養閱讀興趣！

### 愛閱讀

**大偵探福爾摩斯 實戰推理短篇**

**與福爾摩斯一起解謎！**

《大偵探福爾摩斯》實戰推理短篇是解謎短篇小說。小說當中穿插多個不同謎題，你可以透過福爾摩斯等人的提示，來跟他一起解謎。同時提升你的智力與閱讀能力！

### 學語文

SHERLOCK HOLMES 大偵探福爾摩斯

每期連載《大偵探福爾摩斯》英文版，讓讀者通過輕鬆閱讀來學習英文生字及文法，提升英文閱讀及寫作能力。

SAMBA FAMILY

中英對照的《森巴 FAMILY》透過生動活潑的漫畫故事，讓讀者掌握生活英語的竅門及會話技巧。

### 習通識

學習專題

每期專題深入淺出地介紹人文、社會、文化、歷史、地理或數理等知識，啟發多元發展，培養讀者觀察力和分析能力。

巧手工坊　簡易小廚神

每期均有親子 DIY 專欄。讀者可親手製作小勞作或料理，有助提升集中力和手藝，並從實踐中取得學習樂趣。

---

## 訂閱 兒童的學習 請在方格內打 ☑ 選擇訂閱版本

大偵探指南針 　或

背面有特別設計福爾摩斯圖案！

大偵探福爾摩斯 偵探眼鏡

**凡訂閱 1 年，可選擇以下 1 份贈品：**
☐ 詩詞成語競奪卡 　或 　☐ 大偵探福爾摩斯 偵探眼鏡

| 訂閱選擇 | 原價 | 訂閱價 | 取書方法 |
|---|---|---|---|
| ☐ 半年 6 期 | ~~$228~~ | $209 | 郵遞送書 |
| ☐ 1 年 12 期 | ~~$456~~ | $380 | 郵遞送書 |

## 訂戶資料

月刊只接受最新一期訂閱，請於出版日期前 20 日寄出。
例如，想由 10 號開始訂閱 兒童學習，請於 9 月 25 日前寄出表格，您便會於 10 月 15 至 20 日收到書本。

訂戶姓名：＿＿＿＿＿＿＿＿＿＿＿＿＿＿＿＿＿　性別：＿＿＿＿＿　年齡：＿＿＿＿＿（手提）＿＿＿＿＿＿＿＿＿＿＿＿

電郵：＿＿＿＿＿＿＿＿＿＿＿＿＿＿＿＿＿＿＿＿＿＿＿＿＿＿＿＿＿＿＿＿＿＿＿＿＿＿＿＿＿＿＿＿＿＿＿＿＿＿＿＿＿＿

送貨地址：＿＿＿＿＿＿＿＿＿＿＿＿＿＿＿＿＿＿＿＿＿＿＿＿＿＿＿＿＿＿＿＿＿＿＿＿＿＿＿＿＿＿＿＿＿＿＿＿＿

您是否同意本公司使用您上述的個人資料，只限用作傳送本公司的書刊資料給您？

請在選項上打 ☑。　同意☐　不同意☐　簽署：＿＿＿＿＿＿＿＿＿＿＿＿＿　日期：＿＿＿＿＿年＿＿＿＿月＿＿＿＿日

## 付款方法 請以 ☑ 選擇方法①、②、③或④

☐① 附上劃線支票 HK$＿＿＿＿＿＿＿＿＿＿＿＿＿＿＿＿＿＿＿＿＿＿＿＿＿（支票抬頭請寫：Rightman Publishing Limited）

　　銀行名稱：＿＿＿＿＿＿＿＿＿＿＿＿＿＿＿＿＿＿＿　支票號碼：＿＿＿＿＿＿＿＿＿＿＿＿＿＿＿＿＿

☐② 將現金 HK$＿＿＿＿＿＿＿＿＿＿＿＿＿ 存入 Rightman Publishing Limited 之匯豐銀行戶口（戶口號碼：168-114031-001）。現把銀行存款收據連同訂閱表格一併寄回或電郵至 info@rightman.net。

☐③ 用「轉數快」(FPS) 電子支付系統，將款項 HK$＿＿＿＿＿＿＿＿＿＿＿＿＿＿＿＿＿＿＿＿＿＿ 轉數至 Rightman Publishing Limited 的手提電話號碼 63119350，把轉數通知連同訂閱表格一併寄回、WhatsApp 至 63119350 或電郵至 info@rightman.net。

☐④ 在香港匯豐銀行「PayMe」手機電子支付系統內選付款後，按右上角的條碼，掃瞄右面 Paycode，並在訊息欄上填寫①姓名及②聯絡電話，再按付款便完成。付款成功後將交易資料的截圖連本訂閱表格一併寄回；或 WhatsApp 至 63119350；或電郵至 info@rightman.net。

正文社出版有限公司
Scan me to PayMe

PayMe ⊗ HSBC

## 收貨日期

本公司收到貨款後，您將於每月 15 日至 20 日收到 兒童學習

填妥上方的郵購表格，連同劃線支票、存款收據、轉數通知或「PayMe」交易資料的截圖，寄回「柴灣祥利街 9 號祥利工業大廈 2 樓 A 室」匯識教育有限公司訂閱部收、WhatsApp 至 63119350 或電郵至 info@rightman.net。

訂閱雜誌

除了寄回表格，也可網上訂閱！

ARTIST: KEUNG CHI KIT   CONCEPT: RIGHTMAN CREATIVE TEAM

危險動作，切勿模仿！

哈　哈　　森巴！你在幹甚麼？在家中生火很危險的！　　哈哈……　　取　暖　　取暖不是這樣的！　　滋—

當然冷，仕這種天氣不穿衣服是會凍死的！

穿不下　　你的頭太大了……　　　　　　　　　　　　　　　　　你要去哪裏？

很暖　　　　　　　　　　咩　　　　砰一

帥嗎　帥……但你的朋友很冷。

乞……

可憐的動物！

啾!!!

Ahhh... I must have caught a cold.

A

cold

I'm feeling really terrible, my nose is running, my throat hurts, and my head is burning... You know what I mean?

No clue whatsoever

呀……我一定是感冒了。　　　　　　感　冒

我很難受，流鼻水、喉嚨痛、　　完全不明白
頭昏腦脹……你懂我的意思嗎？

Ah choo

BANG—

乞啾　　　　　　　　　　砰一

哇！

I better put on this mask before I spread my flu to Samba.

!!

Wow!

Fascinated

還是戴上口罩好了，
以免傳染給森巴。

雙眼發光

我 又 要　你沒病就不用戴！

乞 啾 啾　不用裝病了！

怕了你！給你一個！　耶

嗚～～～～～

哈哈～你的臉太寬了！

森巴特製大塊葉口罩

60

病上加病……

算了，我要先吃點藥休息一下。

幸好還有一顆感冒藥。

你瘋了嗎？就算我沒病，也變有病！　　咳咳　　　　感冒藥

哈哈哈!!!　　喂！你們兩個在幹甚麼??　　　哇　　　哈　　哎呀！　　我的藥丸!!!

Argh!!! The last flu tablet!!!

Heh heh heh...

啊!!!最後一顆感冒藥!!!

嘻嘻嘻......

Heh heh heh... I'm getting well!

BANG!!

嘻嘻嘻......我康復了!

砰!!

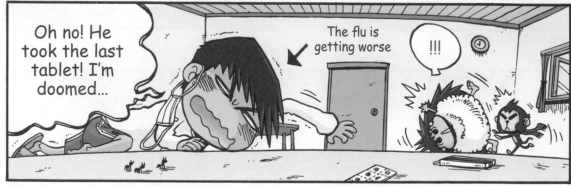

Oh no! He took the last tablet! I'm doomed...

The flu is getting worse

!!!

糟了!他拿走了最後一顆藥丸!我完蛋了......

感冒愈來愈嚴重

Hiyah!

Samba to the rescue!

唏呀!

森巴出動!

GROAN

哼一

登登！　　　　　　　　　　　　　　　發生甚麼事？　小剛即將體驗森林療法！

好　　　走

吧　　　好

啊　　　　　　哇　　　　　　噢

呵！ 米

這是甚麼森林療法!?很明顯是巫術!!!

喂！你們想搬我去哪裏!? 放開我！

你在煮甚麼???

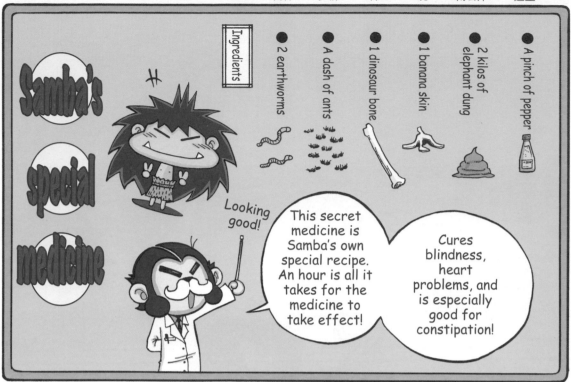

森巴秘藥

很有效！

這是森巴自行開發的特效藥，
只要浸一個小時就會見效！

主治失明、心臟問題，
對便秘尤其有效！

甚麼!? 我只是感冒！不是便秘!!!

哇！燙死我了！　哈　　哈

If this carries on, I'll soon be dead! Looks like I have no choice...

Samba !!!

Help me buy some medicine...

Medicine ?

再這樣下去，我真的會死！
沒辦法了，唯有這樣做……

森巴!!!

藥？　　　幫我買藥回來……

對！去這間藥房買感冒藥……　　　　　　　　　　　　　唔……

跟這位哥哥說要　　　記得要付錢。　　明　白　　　　買完立刻回來呀！
感冒藥。

希望他早點回來……

這麼快!?

救命呀！綁架呀！ 藥 藥
食人族呀！

我是叫你向這位哥哥 啊 救命!!!
買藥！不是綁他回來!!

喂！我還沒說完……

希望他真的買到……

哎呀!!! 砰—
買藥!?沒問題,想買甚麼藥?

歡迎光臨,小朋友你想買甚麼? 藥 完全忘了

啊

69

乞　　　　　啾　　　　　喂，你怎麼了？　　　　　嗚……

噗—　　　　　　　藥　　　　哦！你想要感冒藥！請等等……
謝謝惠顧！

回　家

70

魚蛋　　　　　　哇

很香

Fish ball

魚蛋

魚蛋

嗚一

好味道

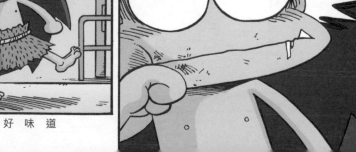

森巴！是你嗎？

藥

病好了

你花光了我的錢!?　　　　　　　　　豈有此理!!!　　　　　　完……

# 兒童的學習 NO.67

請貼上
$2.0郵票

香港柴灣祥利街9號
祥利工業大廈2樓A室
兒童的學習編輯部收

大家可用
電子問卷方式遞交

2021-9-15　　▼請沿虛線向內摺。

---

請在空格內「✔」出你的選擇。　　**問卷**

有關今期內容

**Q1：你喜歡今期主題「誰創造了現代世界？」嗎？**

01 □ 非常喜歡　　02 □ 喜歡　　03 □ 一般　　04 □ 不喜歡　　05 □ 非常不喜歡

**Q2：你喜歡小說《大偵探福爾摩斯──實戰推理短篇》嗎？**

06 □ 非常喜歡　　07 □ 喜歡　　08 □ 一般　　09 □ 不喜歡　　10 □ 非常不喜歡

**Q3：你覺得SHERLOCK HOLMES的內容艱深嗎？**

11 □ 很艱深　　12 □ 頗深　　13 □ 一般　　14 □ 簡單　　15 □ 非常簡單

**Q4：你有跟着下列專欄做作品嗎？**

16 □ 巧手工坊　　17 □ 簡易小廚神　　18 □ 沒有製作

---

## 讀者意見區

**快樂大獎賞：**
我選擇（A-I）

只要填妥問卷寄回來，
就可以參加抽獎了！

感謝您寶貴的意見。

請沿實線剪下

請沿實線剪下

請在此部分塗上膠水。

請在此部分塗上膠水。

## 讀者資料

| 姓名： | | 男 女 | 年齡： | | 班級： |
|---|---|---|---|---|---|
| 就讀學校： | | | | | |
| 聯絡地址： | | | | | |
| 電郵： | | | | 聯絡電話： | |

你是否同意，本公司將你上述個人資料，只限用作傳送《兒童的學習》及本公司其他書刊資料給你？（請刪去不適用者）

同意/不同意 簽署：＿＿＿＿＿＿＿＿＿＿ 日期：＿＿＿年＿＿月＿＿日

## 讀者意見收集站

A 學習專輯：誰創造了現代世界？
B 大偵探福爾摩斯——
　實戰推理短篇 少年偵探團G（下）
C 巧手工坊：大偵探開篷車
D 讀者信箱
E 簡易小廚神：韓式海鮮煎餅
F 成語小遊戲

G 知識小遊戲
H 快樂大獎賞
I SHERLOCK HOLMES：
　The Dancing Code ③
J SAMBA FAMILY：
　Rest Well If You Are III!

**Q5.** 你最喜愛的專欄：　　　　　　　　　　　＊請以英文代號回答**Q5**至**Q7**

第 1 位 19＿＿＿＿　　第 2 位 20＿＿＿＿　　第 3 位 21＿＿＿＿

**Q6.** 你最不感興趣的專欄：22＿＿＿＿原因：23＿＿＿＿＿＿＿＿

**Q7.** 你最看不明白的專欄：24＿＿＿＿不明白之處：25＿＿＿＿＿＿

**Q8.** 你覺得今期的內容豐富嗎？

26□很豐富　　27□豐富　　28□一般　　29□不豐富

**Q9.** 你從何處獲得今期《兒童的學習》？

30□訂閱　　31□書店　　32□報攤　　33□OK便利店
34□7-Eleven　　35□親友贈閱　　36□其他：＿＿＿＿＿

**Q10.** 哪些原因吸引你填寫讀者問卷？（可選多項）

37□書本內容豐富　　38□想支持喜歡的專欄、小說或漫畫
39□想提出問題或意見　　40□想抽「快樂大獎賞」的禮物
41□意見有機會刊登在「讀者信箱」　　42□習慣每期填寫
43□其他：＿＿＿＿＿＿＿＿＿

**Q11.** 你還會購買下一期的《兒童的學習》嗎？

44□會　　45□不會，原因＿＿＿＿＿＿＿